au titre des mémoire, vou[s]
sans 3045, l'auteur met :

IIer mém. , 2e part

ne veut-il pas dire : 1er
dela 2e partie ? (voy. dernier
copie de celui-ci , et note
bas dela 1re page de l'auteur
ne plus la pagination ne[f]. Voir
pas.)

un 2e mémoire dela 1re
à réclamer ?

1er mém, 1842

IIer mém. 2e partie , 18

DES MOYENS

D'AMÉLIORER

L'AGRICULTURE

EN FRANCE

Par J.-E. DEZEIMERIS

Membre du Conseil général de la Dordogne.

———

PREMIER MÉMOIRE

DES MOYENS

D'AMÉLIORER

L'AGRICULTURE

EN FRANCE[1].

La France, dotée par la nature d'un sol fertile, d'un climat heureux, d'une population nombreuse, intelligente et active, était destinée à primer entre les nations par l'abondance de ses produits agricoles, et par la prospérité de toutes les industries dont l'agriculture est la mère. Elle marcha autrefois la première dans la carrière des richesses, comme elle marche aujourd'hui en tête de la civilisation. Mais, depuis le dix-septième siècle, un principe faux et ruineux est venu altérer, corrompre, désorganiser son système agronomique, et l'a fait déchoir presque au niveau des nations européennes les moins avancées. La France, autre-

(1) Ce Mémoire est extrait du *Journal d'Agriculture pratique*, n° de juillet 1842.

fois, sans sortir des limites de son territoire, se procurait en abondance tout ce qui est nécessaire à l'entretien et aux premières commodités de la vie ; et elle se procurait ces produits à des conditions assez avantageuses pour pouvoir vendre à bénéfice son superflu aux nations voisines ; aujourd'hui, elle ne produit plus en quantité suffisante même l'indispensable, et elle produit si chèrement, qu'il n'est pas une seule de ses denrées qui puisse soutenir sans protection la concurrence des prix étrangers. Son état d'infériorité est tel que, si, adoptant les principes de l'économie politique abstraite sur la liberté absolue du commerce, elle livrait à la concurrence étrangère son marché intérieur, elle serait bientôt forcée d'abandonner, comme la constituant en perte, la production du blé, la production du lin, la production du chanvre, la production des graines oléagineuses, la production des bêtes à cornes, la production des bêtes à laine ; en sorte qu'il n'est pas aisé de dire quelles seraient les valeurs échangeables au moyen desquelles elle pourrait se procurer les denrées que ses voisins lui offriraient à *meilleur marché* qu'elle ne peut les produire.

La France fut longtemps en possession d'une source de richesses qui pouvait presque, par son abondance, la consoler du peu de produits de toutes les autres ; elle semblait avoir dans ses excellents vins une denrée dont la nature lui avait réservé le monopole ; l'industrie de

plusieurs nations voisines, la jalousie des Anglais, quelques erreurs des cultivateurs de vignes, et par-dessus tout les fautes de notre Gouvernement, ont frappé cette branche de la richesse nationale de coups qui pourraient être mortels si l'on ne se décide enfin à y porter remède. La situation de l'agriculture vinicole de la région sud-ouest, en particulier, est vraiment désastreuse, et l'exposé que nous nous proposons d'en faire prochainement démontrera, nous l'espérons, qu'un grand intérêt national nous ordonne de la faire cesser à tout prix.

Sous quelque aspect donc que l'on considère l'agriculture française, cette situation n'est pas tolérable, et il est urgent de relever de sa déchéance un pays marqué par les destinées comme devant marcher au moins l'égal des plus industrieux et des plus prospères. Son infériorité actuelle n'est qu'un accident, n'est que la conséquence d'une erreur, d'une méprise. Que cette erreur soit dévoilée, et bientôt s'opérera, comme d'elle-même, une révolution qui replacera la France agricole et industrielle au rang qu'elle doit occuper parmi les nations.

La tâche d'éclairer le pays sur ce qui constitue le vice radical de son agriculture n'est point aussi difficile qu'on pourrait le supposer. Après lui avoir signalé la fausse route dans laquelle il s'est engagé, il y aurait un moyen aussi simple qu'efficace de le ramener promp-

tement dans la bonne voie. Tel est l'objet du travail que nous osons soumettre à l'attention des hommes sérieux.

Au milieu de l'immense quantité de matériaux qui se rattachent à cette question, nous n'en choisirons qu'un petit nombre pour établir, d'abord, que la France, inférieure en industrie agricole à plusieurs nations voisines, n'obtient, en tout genre, quoique à plus grands frais, que des récoltes beaucoup moins abondantes ; ensuite pour démontrer que cette infériorité est la conséquence rigoureuse, nécessaire, exclusive, d'une seule cause, facile à saisir, facile à apprécier, facile à supprimer ; enfin pour déterminer le degré d'efficacité qu'on devrait attendre du moyen que nous proposerons pour la régénération de notre agriculture.

Nous allons essayer d'établir successivement ces divers points, et d'abord l'infériorité de nos produits.

Le rendement moyen du blé en France est de 11 hectolitres à l'hectare, ou 9 hectolitres, semences déduites ; il est de 22 ou 23 hectolitres (20 ou 22 semences déduites) en Angleterre, en Belgique et dans plusieurs contrées de l'Allemagne.

Si l'on excepte les terrains de la meilleure qualité, s'élevant tout au plus au huitième du domaine arable, nos onze hectolitres de blé sont le produit de deux années, l'une en ja-

chère, l'autre en rapport [1] ; en Angleterre, en Belgique et dans les contrées de l'Allemagne que nous avons en vue, chaque année porte sa récolte, et la jachère absolue ne va pas, en moyenne, au huitième de l'étendue du domaine arable.

Chez nos voisins, un domaine de 100 hectares nourrit 75 bêtes à cornes ; chez nous, la quantité de bétail entretenue n'est pas le quart de celle-là. De ce bétail, nos voisins peuvent en consommer au moins le cinquième chaque année, sans diminuer leur approvisionnement, c'est-à-dire 15 têtes, en ne le laissant vivre, terme moyen, que cinq ans ; nous ne pouvons guère en consommer que 2 têtes, en le tuant, terme moyen, à l'âge de 7 à 8 ans, obligés que nous sommes, par la quantité de nos travaux d'attelages, d'employer presque tout ce bétail à la culture des terres, et de le conserver pendant la période de son existence où il est le plus propre à ce genre de service.

En France, le bétail est excessivement coûteux, parce qu'on le nourrit principalement du produit de prairies naturelles, espèce de terrains la plus chère de toutes. A l'étranger, on l'entretient à très bon marché, parce qu'on le nourrit principalement du produit de pâtu-

(1) Le produit n'est point plus fort dans l'assolement triennal, quoique la jachère n'y revienne qu'une fois en trois ans, parce que les marsages ne peuvent être comptés que pour une demi-récolte.

rages établis sur des terres de labour, de produits obtenus en seconde récolte, de produits remplaçant la jachère, le tout considérablement accru par l'addition de la plus grande partie des pailles, qu'on donne comme nourriture au bétail, tandis que, faute d'animaux pour les consommer, nous ne pouvons qu'en faire de la litière.

Chez nos voisins, ce même domaine de 100 hectares produit de quoi suffire à la nourriture de 290 hommes, en faisant entrer les substances animales, viande, lait, beurre, fromage, pour une part assez forte dans leur alimentation ; en France, il suffit à peine à 130 hommes, en ne leur fournissant presque que du pain et fort peu de substances animales.

Le même domaine procure à nos voisins une énorme quantité de matières premières à l'usage de l'industrie : peaux, suif, corne, os, etc. ; de tout cela nous n'obtenons qu'une quantité fort minime.

Pour nous procurer les produits nécessaires à 34,000,000 d'habitants, nous employons en France, vu l'énorme proportion de nos terres labourables, 120,000,000 de journées de labour ; les Anglais, vu la proportion extrêmement restreinte de leurs terres labourables, n'ont besoin que de 15,000,000 de journées de labour pour nourrir une population inférieure d'un quart à la nôtre.

On pourrait continuer ce parallèle et signaler sur une foule d'autres points les avantages de l'agriculture étrangère et les misères de la nôtre ; nous n'en indiquerons plus qu'un seul. Le domaine de 100 hectares de nos voisins voit s'accroître de jour en jour sa fertilité, grâce aux 1,500 charretées de fumier qu'il reçoit chaque année, et à la grande proportion des récoltes herbacées qu'il produit ; à peine les 200 charretées de fumier que nous donnent nos bœufs de travail, dans un domaine de pareille étendue, peuvent-elles suffire à réparer, sur nos terres amaigries, l'épuisement causé par des récoltes en grains, qu'on ne peut jamais varier.

Il y aurait pour nous quelque chose d'effrayant dans cette situation, si la possibilité d'en sortir ne nous plaçait, dès que nous saurons la comprendre, dans des conditions de prospérité pour l'avenir, auxquelles nul autre pays ne saurait prétendre. La France, en effet, pourra, dès qu'elle procédera d'une manière convenable, obtenir des produits égaux à ceux de ses voisins, et le bénéfice qu'elle en retirera, comparé au leur, se trouvera grossi dans la proportion de ses pertes actuelles.

Que faut-il pour atteindre à de si brillants résultats ? une seule chose : il faut savoir ce qui constitue essentiellement la mauvaise agriculture de la France et la bonne agriculture de l'Angleterre, de la Belgique et de l'Allemagne ; il faut connaître la différence radicale qui les

distingue; il faut déterminer quel est, dans la bonne agriculture, le caractère essentiel qui la constitue telle.

Il y a bien longtemps que ce principe que nous cherchons n'est plus un mystère, quoique la science, qui aurait dû sans cesse le proclamer, l'ait trop souvent étouffé sous un fatras de grandes erreurs et de petites vérités, et quoique la pratique se soit obstinément mise en opposition avec lui. Il y a vingt siècles que Caton exprimait ce principe essentiel de l'agronomie avec une énergie, une justesse et une concision qui auraient dû ne pas le laisser oublier. A quelqu'un qui lui demandait quel était le premier, le plus prompt et le plus sûr moyen de faire fortune en agriculture? il répondait : *Benè pascere*, l'économie du bétail bien entendue; quel moyen était le second? *Mediocriter pascere*, l'économie du bétail médiocrement entendue; quel était le troisième? *Malè pascere*, l'économie du bétail même mal entendue; le bétail, toujours le bétail; l'agriculture, en effet, est en quelque sorte là tout entière. Le bon sens observateur du peuple a reconnu cette grande vérité et l'a formulée en un proverbe qui vaut bien la sentence de Caton : *Qui a du foin a du pain.*

Mais ce n'est point seulement sur l'autorité du bon sens et de l'expérience que repose le principe qui fait tout dépendre, en agriculture, de la quantité du bétail, ou, en d'autres termes,

de la proportion attribuée, dans le domaine agricole, aux cultures destinées à nourrir des animaux; il se trouve sanctionné par les notions les plus positives, les plus incontestables, que nous possédions sur les lois de la production végétale.

Les plantes puisent les aliments qui les nourrissent et les font croître, en partie dans l'atmosphère, en partie dans la terre; quelques-unes, et notamment les plantes fourragères, vivent principalement aux dépens de l'air; d'autres, et notamment les céréales et les plantes textiles et oléagineuses, tirent beaucoup de substance de la terre. L'atmosphère est inépuisable parce que les éléments qu'elle fournit aux végétaux sont ceux même qui la constituent; le sol s'épuise, au contraire, plus ou moins promptement, parce que ce n'est point sa substance constitutive qu'il cède aux végétaux, mais seulement des substances qu'il contient accidentellement, en proportions très diverses, très variables, et qui lui viennent des débris des végétations antérieures ou de matières animales enfouies et décomposées dans son sein.

Il y a donc des plantes *épuisantes*, laissant dans le sol qui les a nourries moins de substances alimentaires qu'elles n'y en ont trouvé; et il y a des plantes qui, vivant surtout aux dépens de l'atmosphère et laissant des débris dans le sol, méritent à bon droit le titre de *fertilisantes*.

Le terrain sur lequel on ne cultiverait que des fourrages, ne donnant presque rien et recevant beaucoup de débris, irait sans cesse s'enrichissant de substances propres à alimenter ultérieurement des plantes épuisantes; celui duquel on exigerait, au contraire, une succession non interrompue de plantes épuisantes, sans rien lui restituer, s'amaigrirait rapidement et finirait par devenir absolument incapable de les nourrir.

L'agriculture consiste donc essentiellement à restituer au sol, au moyen des plantes qui vivent aux dépens de l'air, ce qu'ont enlevé à ce même sol les plantes qui vivent à ses dépens; elle consiste à rendre du fourrage pour du blé, du foin pour du pain. Ainsi, avec beaucoup de foin ou de fourrage, beaucoup de blé; avec peu ou point de foin ou de fourrage, peu ou point de blé.

On vient de parler de plantes enrichissant le sol des débris qu'elles y laissent; dans un système de culture bien organisé, ce n'est point seulement quelques débris qu'elles y laissent, elles y reviennent en totalité; et ce n'est point sous forme de foin qu'elles y revien nent, c'est après avoir passé à travers des organismes animaux et s'être imprégnées de substances animales, c'est-à-dire après avoir servi de nourriture au bétail et avoir été transformées en fumier. Ainsi, foin, bétail ou fumier, c'est, en tant que principe de production, toujours même chose sous des noms différents.

Un terrain auquel on ne demanderait que des fourrages, et auquel on les rendrait en totalité transformés en fumier, acquerrait rapidement un degré de fécondité supérieur même au degré qui est le mieux approprié au succès de nos cultures les plus exigeantes. En bonne administration, une terre fourragère procure par ses produits, transformés en fumier, l'engrais nécessaire pour la tenir elle-même en très bon état, et pour fertiliser une terre en culture de céréales d'égale étendue. Celle-ci vit, en quelque sorte, et prospère aux dépens de la première. Privez-la de ce secours, elle languit et se dessèche; ne le lui accordez que dans une proportion insuffisante, elle ne donnera que de faibles produits; portez au-delà de la mesure moyenne qui vient d'être indiquée les doses d'engrais que des foins abondants, ou, en d'autres termes, un nombreux bétail vous permettront de lui donner, et vous verrez grandir ses riches récoltes et s'accumuler dans son sein des réserves de fécondité pour l'avenir.

Ainsi, de deux terrains exclusivement consacrés l'un aux fourrages, l'autre aux céréales, l'un à nourrir du bétail, l'autre à procurer la nourriture de l'homme, le premier devient de plus en plus fécond, le second de plus en plus stérile; on ne réussit à maintenir la fertilité de ce dernier qu'en empruntant en sa faveur une portion du principe fécondant que l'autre produit en surabondance. Combinez-les dans de justes proportions, ils se soutiennent mutuellement; rompez leur union, il n'y a plus que l'un d'eux qui prospère, l'autre se détériore rapidement.

Ce qu'on vient de dire de deux pièces de terre, on peut le dire de deux nations. S'il s'en trouvait deux sur le globe dont l'une fût assez aveugle pour consacrer la plus grande partie de son territoire aux céréales, l'autre assez avisée pour consacrer la plus grande partie du sien au bétail, le sort qui leur serait réservé à l'une et à l'autre n'est pas douteux. La terre aux céréales, fatalement poussée dans le chemin de la ruine, verrait ses récoltes diminuer chaque année. En vain les efforts multipliés du travail et de l'industrie lutteraient contre l'épuisement et la stérilité toujours croissante du sol; cette terre, arrosée de sueurs, en viendrait à ne plus pouvoir produire que quelques herbes misérables et de nul usage. Pendant ce temps, au contraire, le pays, consacré au bétail, n'ayant presque d'autre travail que celui qui consiste à récolter, verrait chaque année ses produits croître spontanément en abondance, et son terrain gagner sans cesse en fertilité et en valeur.

D'après ces faits, qui sont incontestables, on voit pourquoi la France reste, pour l'abondance de ses produits, si fort en arrière de ses voisins; l'Angleterre et l'Allemagne ont les quatre cinquièmes de leur territoire agricole consacrés à nourrir du bétail, et un cinquième seulement consacré aux céréales; la France, au contraire, a plus des quatre cinquièmes de son territoire agricole consacrés à la culture des céréales, et moins d'un cinquième à la nourriture du bétail.

C'est dans cette circonstance, et dans cette circonstance seule de leur système agronomique, que réside la cause de l'énorme différence de leurs produits. Pour en porter la démonstration au plus haut degré de l'évidence, il suffit, en remontant dans le passé, de comparer chacune de ces contrées à elle-même, mais soumise à des systèmes de culture différents.

Il n'y a pas trois quarts de siècle que l'Allemagne, soumise à l'assolement triennal, et n'ayant de prairies ou de pâturages que ce qu'il en fallait pour l'entretien du bétail de travail, produisait à peine assez de seigle et d'épeautre pour nourrir une population clairsemée sur son territoire. Schubart y introduisit la culture du trèfle; l'illustre Thaer y importa l'agriculture anglaise, dont nul n'a mieux saisi l'esprit ni aussi bien développé les principes; et la rapidité de la marche des nations germaniques, depuis cette époque, dans la carrière des richesses, a quelque chose de merveilleux. A mesure qu'on semait plus d'herbe et moins de blé, on récoltait à la fois plus de viande et plus de céréales; et la quantité d'engrais

croissant de jour en jour, on substituait le froment au seigle sur des terrains froids et sablon-
neux qui naguère pouvaient à peine produire
la moins exigeante des céréales ; et la prairie
artificielle, une fois semée, occupant le sol
plusieurs années sans exiger de façons, les frais
de culture diminuaient en même temps que
s'accroissaient les produits.

Quoi de plus net, de plus formel, de plus
concluant que ces résultats ? Qu'on passe d'une
contrée du globe à une autre, quelle qu'elle
soit, on y trouvera toujours les produits et les
bénéfices proportionnels à la quantité d'engrais, par conséquent à l'étendue des champs
consacrés à nourrir du bétail, comparée à celle
des champs en cultures épuisantes.

Opposons l'un à l'autre, sous ce rapport, les
deux pays du monde qui diffèrent le plus aujourd'hui, et dont l'histoire bien connue nous
offre la leçon la plus frappante. Nous allons
voir comment et à travers quels résultats la
France et l'Angleterre, parties du même point
d'organisation agronomique, ont été conduites
aux limites extrêmes des deux systèmes les
plus opposés, ayant réduit outre mesure, l'une
le domaine des labours et la culture du blé,
l'autre le domaine des prairies et fourrages et
l'économie du bétail. Ce parallèle pourrait
fournir la matière d'un livre, et peut-être exigerait impérieusement des développements éten-
dus, sans lesquels il est difficile de voir toute

la portée des faits et de leurs conséquences ; nous tâcherons néanmoins d'en donner une idée suffisante pour qu'on y trouve matière à de sérieuses réflexions, suffisante pour qu'on y reconnaisse la prodigieuse différence qui se trouve entre la richesse et la puissance disponible de deux peuples dont l'un a un bon plan de culture et d'économie, l'autre un plan essentiellement vicieux.

Jusqu'à une époque assez avancée du XVIIe siècle, la palme des richesses agricoles appartint, non à l'Angleterre, mais à la France.

Moins peuplée alors, proportionnellement à son étendue, l'Angleterre ne recueillait point habituellement assez de blé pour se nourrir. Les brusques et énormes variations dans les prix des grains, l'extrême inégalité de leur abondance selon les conditions variées des saisons, suffisent pour caractériser un état peu avancé de l'art agricole, et l'histoire de nos voisins présente, en ce temps, bien plus que la nôtre, de fréquents exemples de ces fâcheuses révolutions qui tour à tour découragent l'agriculteur ou désespèrent le peuple. C'étaient les contrées du Nord, par la mer Baltique, c'était la France, pour une portion assez considérable, qui fournissaient à l'Angleterre le complément de son approvisionnement en grains.

Mais dans le siècle qui suivit, non-seulement l'Angleterre parvint à se suffire dans la production des céréales, et n'eut besoin, peu-

dant près de cent années, d'importer, en orge et en froment, que quelques semences destinées à en améliorer les espèces, mais ses exportations de grains s'accrurent successivement, au point que, au milieu du xviiie siècle, elles s'élevaient, année commune, à la somme de 37,766,000 fr., ou à celle de 40,000,000, si l'on ajoute le prix du fret de ses vaisseaux, seuls admis à opérer ces exportations.

Pendant ce temps, la France, qui, longtemps, et notamment depuis l'administration du sage Sully, avait été regardée comme le grenier principal de l'Europe, la France, qui fournissait à la Suisse, à la Savoie, à l'Espagne, à l'Angleterre, un complément considérable de leurs approvisionnements, la France, dont le produit en froment avait été, au milieu du xviie siècle, de 90,000,000 d'hectolitres, voyait tomber ce produit à 60,000,000 d'hectolitres au milieu du xviiie siècle, et elle arrivait à ce résultat après avoir passé à travers les chertés de 1713, 1723, 1724, 1725, 1726 et 1739, les disettes de 1740 et 1741, et la famine de 1709. De 1715 à 1755, l'Angleterre seule nous avait fourni pour 200,000,000 de froment, et nous avions dû en tirer beaucoup plus de la Sicile et de la côte de Barbarie. A l'époque où Necker écrivait son ouvrage sur la législation et le commerce des grains (1775), bien que l'usage des prairies artificielles commençât dès lors à se répandre, le chiffre moyen des exportations

de la France n'était que de 750,000 hectolitres, quantité représentant à peine un excédant d'approvisionnement de quatre jours au-delà des besoins de l'année, excédant fort insuffisant pour rassurer le pays contre les chances de la disette et les grandes variations dans les prix.

Ainsi donc, relativement à la culture du blé, les faits nous révèlent, dans le cours de la période indiquée, la prospérité croissante de l'Angleterre et la décadence de notre pays. Relativement au bétail, les résultats sont analogues, mais bien plus frappants encore.

Vers le commencement du xviiie siècle, l'Angleterre (l'Écosse et l'Irlande non comprises) possédait 4,000,000 de têtes de gros bétail, donnant ensemble un poids en viande de 614,000,000 de kilogr. Un siècle plus tard, il y avait 6,000,000 de têtes de gros bétail, bœufs et vaches, destinés à la consommation, donnant un poids en viande de 2,340,000,000 de kilogr., ou près de quatre fois autant qu'à l'époque précédemment indiquée.

Au commencement du dix-huitième siècle, le même pays possédait 16,000,000 de bêtes à laine adultes, donnant un poids en viande de 224,000,000 de kilogr. Cent ans plus tard, il y avait 35,000,000 de moutons et brebis, donnant un poids en viande de 1,400,000,000 de kilogr., quantité plus que sextuple de la précédente.

Pendant que l'Angleterre opérait ces mer-
veilles dans l'accroissement de son capital
agricole vivant, la France épuisait incessamment le sien, comme le prouvent ses achats de
plus en plus considérables de peaux, de suifs
et de laines étrangères, comme le prouve le
changement du régime alimentaire de ses habitants, comme le prouvent ces lois et ordonnan-
ces qui, pour arrêter la destruction du bétail à
cornes dont on semblait menacé, interdisaient
sous des peines sévères la vente aux bouchers
des vaches âgées de moins de 10 ans, et celle
de toute vache pleine, quel que fût son âge.

Rapprochons de ces résultats les causes qui
les avaient produits, et cherchons à mettre à nu
le lien intime qui enchaîne les principes et les
conséquences.

Au dix-septième siècle, le domaine agricole
était constitué, en France et en Angleterre,
d'une manière à peu près identique. L'un et
l'autre pays avaient à peu près le quart de leur
territoire couvert de forêts ou de landes; le
reste était moitié en terres de labour, moitié en
prairies et pâturages. Il n'y avait jamais que les
deux tiers des terres labourables qui fussent en
rapport chaque année; l'autre tiers était en
jachères, car après avoir porté successivement
une céréale d'hiver, puis une céréale de prin-
temps, la terre avait besoin d'une année de
repos pour réparer l'épuisement qu'y avaient
causé ces récoltes.

C'est de ce point que partirent les Anglais et les Français ; voyons quels furent les détails de leurs procédés, les raisons qui les déterminèrent, les conséquences immédiates et ultérieures qui s'ensuivirent.

Le blé étant l'article de commerce le plus important que la France pût offrir à ses voisins, pour s'en procurer une plus grande quantité, on se mit à défricher les champs de pâture qui étaient le moins productifs, et on les ensemença en céréales. On y obtint, sans engrais, et pendant plusieurs années consécutives, de belles récoltes, car nul terrain n'est plus fertile que celui qui a été longtemps gazonné. Succès funeste ! appât dangereux ! Tentée par ce moyen facile de recueillir les trésors accumulés dans le sol durant des siècles sous les débris des végétations qui l'avaient couvert, et sous l'engrais qu'y avaient déposé de longue date les animaux qui s'y étaient nourris, la cupidité se jeta avec ardeur dans l'exploitation de cette mine de richesses. Après avoir rompu les friches les moins herbeuses, on s'attaqua aux pelouses mieux gazonnées, puis aux pacages, puis aux prés secs. Vainement quelques hommes prévoyants reconnurent que c'était s'attaquer au principe même de la fertilité des terres, et essayèrent d'arrêter cette sorte de vandalisme. Vainement l'illustre Vauban appelait sur un sujet si grave l'attention des hommes d'état. « Il y a long-

temps, disait il au commencement du dix-huitième siècle, qu'on s'est aperçu que les biens
de campagne rendent un tiers de moins qu'ils
ne rendaient il y a 30 ou 40 ans; mais peu de
personnes ont pris la peine d'examiner à fond
quelles sont les causes de cette diminution qui
se fera sentir de plus en plus si l'on n'y apporte
le remède convenable. » La nature du mal ne
fut point reconnue, et l'on continua le régime
de culture et d'économie par les premiers résultats duquel on s'était laissé séduire. Com-
plice de cette grande faute, le gouvernement
lui-même ne cessait de recommander toute
sorte de défrichements, d'y encourager par des
primes et des exemptions, d'y contraindre
même par des injonctions arbitraires, et en
violentant quelquefois le droit de la propriété.
Tous les prés non fauchables furent rompus,
même sur des terrains en pente qu'un gazon
épais et ancien pouvait seul soutenir. On en
vint jusqu'à abattre et défricher les bois qui
couvraient le revers des montagnes; et ce ne fut
qu'après l'éboulement des terres, en voyant le
rocher mis à nu, qu'on reconnut le mal qu'on
avait fait; on ne s'arrêta que lorsqu'il ne resta
plus que de mauvaises landes pour pacage, et
juste assez de prairies pour nourrir parcimo-
nieusement les attelages nécessaires à l'exécu-
tion de l'immense quantité de travaux qu'on
venait de se créer. Les quatre cinquièmes du
domaine agricole, et, en beaucoup de contrées,

les sept huitièmes ou même les neuf dixièmes étaient maintenant en terres de labour.

On a vu, il y a un instant, dans l'indication des produits obtenus en céréales dans la seconde moitié du dix-huitième siècle, produits inférieurs d'un tiers à ceux du siècle précédent, à quoi avait abouti ce système qui consistait à sacrifier le pâturage au labourage, et toute autre production à la production du blé; sous ce rapport la force des choses avait conduit l'agriculteur à un résultat contraire à celui qu'il s'était promis d'atteindre. Mais cette espérance déçue n'était que le moindre des maux que son aveuglement avait appelés sur notre pays. La liste en serait longue et le détail pénible; je n'en indiquerai que les principaux.

Après avoir donné trois, quatre ou cinq récoltes successives de céréales, les terrains défrichés se trouvaient ramenés par épuisement à l'état des anciennes terres de labour, et ils étaient condamnés dès lors à ne plus donner de produits qu'à la condition de recevoir des engrais et de jouir du repos de la jachère au moins une fois en trois ans. On se trouvait donc avec un tiers de jachères de plus et deux tiers de pâturages de moins; un tiers de plus de l'espèce de terrain qui exige le plus de travaux et ne donne rien, deux tiers de moins de l'espèce de champs qui peut donner le plus de produits et exige le moins de frais; c'était beaucoup de peine gagnée en échange de beaucoup de bénéfices perdus. Pour conserver le degré de fécondité qu'elles avaient avant les défrichements, les terres de labour, augmentées maintenant d'un tiers, auraient exigé un tiers d'engrais de plus qu'autrefois; or on en avait deux tiers de moins, puisque avec les pâtures avait disparu nécessairement le bétail qui s'y nourrissait. Et ce n'est pas seulement d'engrais qu'on se trouvait alors privé; en même temps que la viande manquait à la consommation, les laines, les peaux, le suif, la corne, les os manquaient au commerce et à l'industrie.

Et ce déficit n'était point seulement proportionnel à la diminution des pâturages, il s'aggravait encore par l'effet d'un changement qu'on était forcé d'introduire dans l'économie du bétail. Les labours, augmentés d'un tiers, exigeant un tiers de plus de bêtes de trait, ce tiers supplémentaire de bœufs de travail remplaçait un nombre équivalent, soit de bœufs de rente, soit de bêtes à laine. Or, comme on ne laisse vivre ces derniers que 4 ou 5 ans, on les tue par quart ou par cinquième de la totalité chaque année; le propriétaire qui en a 100 en peut livrer 20 ou 25 à la consommation. Au lieu de cela le bœuf de travail n'est pas tué généralement avant l'âge de 8 ou 10 ans; on n'en peut donc tuer au-delà du huitième ou du dixième de la totalité chaque année; c'est 10 ou 12 seulement qu'on livre à la consommation par chaque centaine qu'on en possède. Cette différence entre ces deux sortes de bétail (bétail de rente et bétail de travail) considérées sous le point de vue de la viande et des matières premières serait, si elle était la seule, une différence dans la proportion de 1 à 2 ; mais il y en a une seconde, et qui n'est pas moindre que la première, la voici : sur un nombre donné de têtes de bétail élevé ou entretenu pour le travail et destiné à être tué à 10 ans, il y en a un dixième dans la première année de son âge, un dixième dans la seconde année, période de la vie durant laquelle il ne consomme qu'une petite quantité de nourriture. Sur un nombre donné de têtes de bétail de rente, destiné à être tué à 5 ans, il y en a un cinquième dans la première année de son âge, un cinquième dans la seconde, le double par conséquent dans cette période de la vie où une petite quantité de nourriture lui suffit. Il résulte de là que, quand on eut à substituer du bétail de travail au bétail de rente, ce n'est pas par un nombre égal de têtes qu'on remplaça ce dernier, mais par un nombre beaucoup moindre.

Tous ces faits, et une multitude d'autres qu'il serait trop long d'énumérer, se tiennent inséparablement entre eux, et se lient d'une manière nécessaire, d'une manière fatale, au premier de tous, à l'extension des terres à céréales et à la restriction des terres destinées à nourrir du bétail.

Considérons maintenant chez les Anglais le développement et les résultats du système contraire.

Redisons encore une fois qu'en Angleterre comme en France, au dix-septième siècle, l'étendue des champs qui produisent l'engrais était à peu près égale à celle des champs qui le consomment, ou, en d'autres termes, qu'il y avait autant de prairies et de pâturages que de terres de labour.

Frappés de l'insuffisance des engrais produits dans l'organisation agronomique de cette époque, insuffisance qui mettait dans la nécessité de laisser chaque année un tiers des terres de labour en jachère; voyant d'ailleurs que les terres ne rapportent au-delà des frais qu'elles coûtent, ou ne donnent de produit net qu'en raison des engrais qu'elles reçoivent, les Anglais reconnurent la nécessité d'augmenter le bétail, par conséquent d'étendre les prairies et pâturages, ou les cultures fourragères, en restreignant les cultures épuisantes. Au lieu d'ensemencer en céréales les deux tiers des terres de labour, la moitié seulement de ces terres furent emblavées, tout le reste fut ensemencé en herbes ou en racines fourragères. Ce changement doublait la portion du domaine consacrée à nourrir du bétail, et faisait plus que doubler la masse des produits destinés à cet usage. Bien que l'énorme quantité d'engrais obtenus en conséquence de cet accroissement du bétail semblât permettre à l'agriculteur anglais de s'en montrer prodigue, il s'attacha au contraire à découvrir et à fixer les vrais principes de l'économie de cette matière précieuse. Au lieu de jeter ses fumiers sur la sole de blé, et de s'empresser d'épuiser le terrain par deux récoltes successives de céréales, ce qui est retirer d'une main ce qu'on donne de l'autre, il posa pour précepte de n'appliquer les engrais qu'à des récoltes qui les reproduisent et les multiplient, à des récoltes que le bétail consomme, et qu'il restitue au sol en les doublant.

Ces procédés, qui semblaient ne viser qu'à l'augmentation du bétail, n'avaient pas seulement maintenu le taux ancien des récoltes en céréales, quoique le champ de leur culture fût réduit d'un sixième; en en semant beaucoup moins, on se trouvait en recueillir une plus grande quantité. Cet avantage, joint à tous les avantages directs qu'on devine être la conséquence de l'augmentation du bétail, durent vivement engager le cultivateur anglais à s'avancer de plus en plus dans la voie qu'il venait de s'ouvrir. Une partie des terres de labour furent transformées en pâturages permanents, non pas, comme il arrive dans les contrées les plus mal cultivées de la France, après avoir été épuisées par des récoltes successives de céréales, mais après avoir été élevées, au contraire, à un haut degré de fécondité par des fumures répétées.

En Angleterre aussi on se mit à pratiquer des défrichements, mais ce ne fut point pour agrandir le champ des cultures épuisantes : ce fut encore, et toujours, pour augmenter l'étendue du domaine consacré au bétail. Les landes, qui ne rapportaient rien, les forêts, dont les produits croissent trop lentement pour donner de grands revenus, disparurent pour faire place à des pâturages, peu productifs aux yeux des cultivateurs exclusifs du blé, mais en réalité d'un revenu considérable, parce que les récoltes, peu abondantes en apparence à un moment donné, y renaissent sans cesse sous la dent du mouton qui les recueille.

Les quatre cinquièmes du domaine agricole se trouvaient enfin en prairies ou pâturages, ou en cultures fourragères ; tous ces champs étaient fertilisés au moyen des eaux, des marnes, des glaises, des composts, des fumiers, du parcage. Aux masses de produits qu'ils fournissaient s'ajoutaient les pailles, dont la plus grande partie, considérée comme trop précieuse pour faire de la litière, formait la base de la nourriture du bétail pendant l'hiver. Avec de tels approvisionnements on avait pu quintupler le capital agricole vivant. Ayant reconnu l'énorme profit qu'il y avait à tuer les animaux aussitôt qu'ils avaient pris toute leur croissance, puisque avec une quantité donnée de nourriture on en entretient quatre fois plus jusqu'à l'âge de quatre ans qu'on n'en entretiendrait jusqu'à l'âge de dix ans, on s'était attaché à créer des races précoces prenant graisse de très bonne heure, et qu'on ne laisse vivre que jusqu'à trois ans, ce qui permet de livrer chaque année à la consommation le tiers de toutes les existences animales. De là un accroissement prodigieux dans la quantité des matières premières qui servent à alimenter les branches principales des manufactures et de l'industrie.

Quelques écrivains, qui sont certainement d'habiles publicistes, mais qui ne sont pas agriculteurs, ont cru trouver dans ce seul fait que, depuis un tiers de siècle, l'Angleterre ne produit pas assez de blé pour se nourrir, la preuve que l'agriculture britannique est en décadence et qu'elle ne saurait servir de modèle à la nôtre. S'ils s'étaient donné la peine d'envisager le sujet, non par un point isolé, mais dans l'ensemble du système agronomique, ils auraient vu que les produits agricoles de l'Angleterre n'avaient fait que changer d'espèce, et que la masse de leurs valeurs n'avait cessé de s'accroître.

Aussi longtemps que le blé fut un produit avantageux, durant le cours du dernier siècle, le fermier anglais en approvisionna non-seulement les marchés de son pays, mais encore ceux des pays où il pouvait aller lutter de bas prix avec les produits indigènes, grâce à la prime d'exportation qu'il recevait. Mais le marché étranger venant à se restreindre successivement, par les progrès de l'agriculture, chez les nations tributaires de l'Angleterre, nos voisins durent donner une autre direction à leur industrie agricole. D'autres motifs plus puissants encore les y déterminèrent. Parvenu à un certain degré de fécondité, au moyen des fumures répétées et de bonnes cultures, le sol fait rendre aux plantes céréales tout le produit qu'elles sont susceptibles de donner; si l'on veut pousser plus loin l'amélioration, les blés versent et les récoltes diminuent au lieu de s'accroître. Il y a donc un point, dans la carrière de l'amélioration des terres, où le blé cesse de pouvoir donner au cultivateur les bénéfices dus à ses avances et à son industrie. Les plantes textiles et oléagineuses, la garance et le houblon, et toujours les plantes propres à nourrir du bétail, doivent alors obtenir la préférence. C'est là précisément le point où l'on est arrivé en beaucoup de contrées de l'Angleterre. Si l'on y produit moins de blé qu'il y a cinquante ans, ce n'est point que l'agriculture y soit déchue de son ancienne prospérité, c'est qu'elle y a atteint, au contraire, un degré de perfection qui lui permet d'accorder moins de place au blé pour étendre incessamment des cultures de plantes d'un prix plus élevé, qui s'accommodent mieux de l'exubérance des engrais dont on y dispose, et qui offrent des limites plus étendues dans l'é chelle d'accroissements dont leurs récoltes sont susceptibles.

L'Angleterre est d'ailleurs le pays du monde auquel il importe le moins de produire sur son propre territoire la quantité de blé nécessaire à la consommation de ses habitants ; il peut même y avoir autant d'avantages pour une nation, qui, comme celle-là, vit principalement par la marine et le commerce, à aller chercher au dehors une partie des grains dont elle a besoin, qu'il y aurait de folie de notre part à faire dépendre du commerce extérieur la moindre partie de notre approvisionnement en subsistances.

Ainsi donc, quoique ne produisant plus habituellement assez de blé pour nourrir ses habitants, l'Angleterre, en restreignant d'année en année l'étendue de ses cultures céréales, n'a cessé d'augmenter la valeur de ses produits, et nous n'avons pas eu tort d'opposer son exemple à celui de la France, qui, dans le cours du dernier siècle, n'a cessé de diminuer successivement la valeur des siens, en agrandissant d'année en année l'étendue de ses cultures céréales.

En nous voyant citer l'énorme quantité de bétail existant en Allemagne et en Angleterre comme le principe unique de la prospérité de l'agriculture de ces pays, on pourrait se demander si ce n'est pas un privilége exclusif qui appartienne à leur climat de produire en abondance toute sorte de nourriture pour les animaux. Mais, à cet égard, chaque pays a ses avantages, et la France n'en est pas plus privée que tout autre. N'eussions-nous que le sainfoin, la luzerne et le maïs, la pomme de terre et la betterave, qui s'accommodent parfaitement de notre climat, nous n'aurions pas trop à nous plaindre. Nous n'exigeons point qu'on tente d'établir sur des terrains arides et dans un climat sec des *pâturages* du ray-grass, par cela seul qu'il y en a en Angleterre et en Allemagne, nous demandons des *cultures fourragères quelconques*, et nous ne pensons pas qu'il existe dans toutes nos terres à céréales un lieu assez maudit du ciel pour qu'on n'y puisse rien faire végéter qui soit propre à nourrir du bétail.

Du reste, pour montrer que la grande loi agronomique que nous développons est parfaitement indépendante des climats comme des époques, nous avons, dans un autre travail, cité l'Italie ancienne, comme un des pays où elle s'est le plus nettement réalisée. Au moyen de documents d'une authenticité incontestable, nous avons montré que, jusqu'au second siècle avant l'ère chrétienne, chez toutes les nations qui habitaient la péninsule italique, les produits de l'agriculture furent d'une abondance prodigieuse. Sur le territoire des Romains, qui n'était pas des plus fertiles, le rendement du blé était de 15 à 20 semences pour une, de 30 à 40 hectolitres à l'hectare.

100 ans plus tard, le rendement du blé n'était plus que de 7 à 8, et est rarement de 10 pour un.

100 ans plus tard encore, et pendant une longue suite de siècles depuis cette époque, les récoltes devinrent misérables, et un rendement de 4 pour 1 était cité comme remarquable.

Voilà donc les produits de l'agriculture en Italie déchus des 4 cinquièmes ou des 5 sixièmes du taux auquel ils s'étaient élevés dans l'antiquité et auquel ils s'étaient maintenus jusqu'au second siècle avant l'ère chrétienne. A quoi put tenir une aussi prodigieuse révolution? A une seule cause bien simple; à un fait bien évident, bien palpable, quoique non encore remarqué. Si l'on obtint dans les premiers siècles d'aussi riches récoltes que celles de 15 et 20 semences pour une, c'est qu'il existait alors en Italie une prodigieuse quantité de bétail; si depuis lors les produits allèrent sans cesse en diminuant jusqu'à tomber au taux de 3 ou 4 pour un, c'est que la quantité du bétail fut successivement réduite dans une énorme proportion, et qu'on finit par n'avoir plus rigoureusement pour engraisser les terres labourables que le fumier des bêtes de travail. Il est constaté en effet que, dans la dernière des trois périodes indiquées, l'agriculteur n'avait plus d'autre bétail que ses attelages, et il est prouvé que dans la première la quantité des bêtes à cornes ou à laine avait pu aller jusqu'à l'équivalent de 150 têtes de gros bétail pour un domaine de 125 hectares de terre. C'était près d'une tête et un quart de gros bétail par chaque hectare ! C'est précisément le point où sont parvenues les plus riches contrées de l'Angleterre et de l'Allemagne, celles où l'on récolte de 30 à 40 hectol. de blé à l'hectare. Au nord ou au sud, à l'est ou à l'ouest, la même cause amène donc toujours le même résultat. Nous pourrions parcourir le globe en tout sens et l'histoire dans toute la durée des siècles sans trouver une seule contrée qui ait pu se soustraire à l'empire de cette loi, immuable comme la nature.

Si l'on prend en sérieuse considération l'ensemble des faits que nous avons accumulés dans les pages qui précèdent, il ne nous paraît pas possible qu'on ne regarde point comme démontré :

1° Que les produits de l'agriculture et les bénéfices qu'elle donne sont proportionnels à la quantité d'engrais, ou, en d'autres termes, proportionnels à la quantité du terrain consacré à des cultures propres à nourrir du bétail, comparée à celle du terrain consacré aux céréales ou à d'autres cultures épuisantes ;

2° Que les produits et les bénéfices ne commencent à devenir considérables que là où la première de ces quantités devient au moins égale à la seconde ;

3° Que tout ce qu'il y a de vraiment fondamental en agriculture peut se formuler en quelques mots : *consacrer aux fourrages la moitié au moins de son domaine.*

Nous voilà donc en possession d'un principe d'une grande simplicité, d'une application facile, d'une efficacité éprouvée, et que les résultats n'ont jamais démenti.

Si la France n'est pas un pays exceptionnel échappant par une anomalie incompréhensible à la loi qui régit le monde, elle doit, après s'être ruinée par la réduction des terres à bétail et l'extension des terres à blé, pouvoir s'enrichir par la réduction des terres à blé et l'extension des terres à bétail.

Nous espérons, à l'aide de faits parfaitement authentiques, et sans sortir de la voie expérimentale dans laquelle nous nous sommes jusqu'ici rigoureusement renfermé, pouvoir établir des moyens simples, faciles et sûrs de mettre en pratique le principe qui vient d'être posé.

Nous espérons pouvoir prouver que la révolution agricole d'un pays tel que la France n'exige point, comme on l'imagine, des siècles pour s'opérer, et que si les moyens actuellement employés pour encourager l'agriculture sont de nature à n'amener que des améliorations insensibles, il n'en résulte point que la substitution du vrai système agronomique au système établi ne puisse aussi bien s'accomplir en 3 ans qu'en 100 années.

Nous espérons pouvoir démontrer que l'agriculteur peut opérer cette substitution sans avoir besoin pour cela d'autres capitaux que ceux dont il dispose maintenant, et, qu'en fait de mise de fonds, il ne lui faut qu'une chose, une seule : *la volonté de le faire.*

Nous espérons enfin pouvoir indiquer un moyen puissant, un moyen certainement efficace de déterminer cette *volonté.*

Ce sera l'objet d'un second mémoire.